런런 옥스퍼드 수학

KB130603

2권

덧셈과 뺄셈

안녕, 나는 애디야!

나는 서브.

차 례

 그리기

 쓰기

 수 세기

 선 잇기

 색칠하기

 따라 쓰기

 놀이하기

 스티커 붙이기

수의 순서 알기

 0부터 20까지 수를 순서대로 이으세요.

점을 다 이었으면
그림을 색칠해 봐!

빈 곳에 빠진 수를 쓰세요

칭찬 스티커를 붙이세요.

수를 쓴 다음, 순서대로 읽어 봐.

잘했어!

문제를 다 푼 다음, 32쪽으로!

더 많은 것, 더 적은 것

 더 많은 쪽에 색칠하세요.

불가사리보다 게의 수가 더 많아.

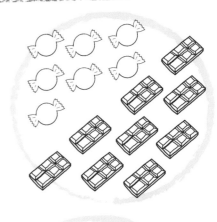

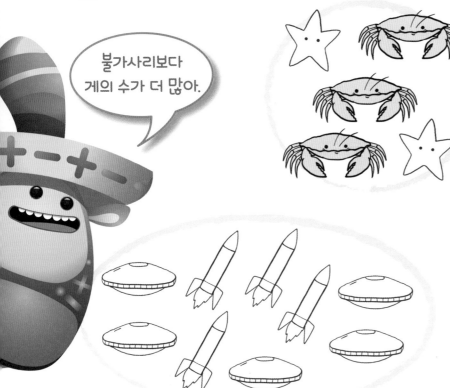

 더 적은 쪽에 색칠하세요.

도넛보다 컵케이크의 수가 더 적어.

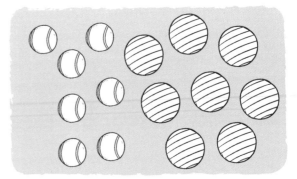

각 모임의 수를 세어 보세요.

 알맞은 수에 ◯표 하고, 어느 쪽이 더 많은지 말해 보세요.

   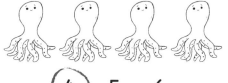

4 (5) 6   (4) 5 6

 가  보다 많다.

7 8 9   6 7 8

가 보다 많다.

    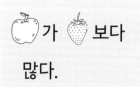

11 12 13   10 11 12

가 보다 많다.

8 9 10   10 11 12

이 보다 많다.

4 5 6   5 6 7

가 보다 많다.

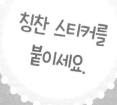

칭찬 스티커를 붙이세요.

 수 세기 놀이

우리 가족의 신발 수를 각각 세어 보세요. 신발의 수를 센 다음, 신발이 가장 많은 사람은 누구인지, 가장 적은 사람은 누구인지 알아보세요.

문제를 다 푼 다음, 32쪽으로!

이어서 세기

 모두 몇인지 이어서 세어 보세요.

 ☐ 안에 알맞은 수를 쓰세요.

사탕 3개와 사탕 2개를 이어서 세면 모두 5개야. 3하고, 4, 5.

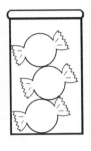 

사탕 | 5 | 개

바나나 ☐ 개

축구공 ☐ 개

붓 ☐ 개

물고기 ☐ 마리

각 모임의 수를 세어 보세요.

 더해서 합한 수를 ⬜ 안에 쓰세요.

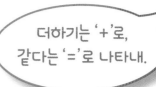
더하기는 '+'로,
같다는 '='로 나타내.

$\boxed{4}$ + $\boxed{3}$ = $\boxed{7}$

$\boxed{}$ + $\boxed{}$ = $\boxed{}$

$\boxed{}$ + $\boxed{}$ = $\boxed{}$

잘했어!

$\boxed{}$ + $\boxed{}$ = $\boxed{}$

칭찬 스티커를
붙이세요.

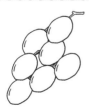   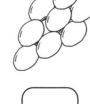

$\boxed{}$ + $\boxed{}$ = $\boxed{}$

문제를 다 푼 다음, 32쪽으로!

연잎과 수직선을 이용한 덧셈

 두 수를 더하면 몇인지 연잎에서 찾아 ☐ 안에 쓰세요.

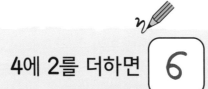

개구리가 있는 연잎부터 더하는 수만큼 손가락으로 점프를 해 봐.

4에 2를 더하면 ☐6☐

① ② ③ ④ ⑤ ⑥ ⑦ ⑧ ⑨ ⑩

5에 3을 더하면 ☐

① ② ③ ④ ⑤ ⑥ ⑦ ⑧ ⑨ ⑩

7에 2를 더하면 ☐

① ② ③ ④ ⑤ ⑥ ⑦ ⑧ ⑨ ⑩

6 더하기 4 = ☐

① ② ③ ④ ⑤ ⑥ ⑦ ⑧ ⑨ ⑩

8 + 3 = ☐

⑤ ⑥ ⑦ ⑧ ⑨ ⑩ ⑪ ⑫ ⑬ ⑭

12 + 5 = ☐

⑪ ⑫ ⑬ ⑭ ⑮ ⑯ ⑰ ⑱ ⑲ ⑳

수직선을 이용해서 덧셈을 하고,
◯ 안에 알맞은 수를 쓰세요.

더하는 수만큼
점선을 따라 그려 봐.

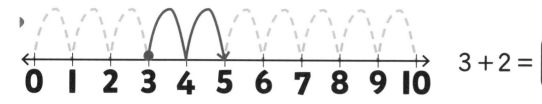

3 + 2 = $\boxed{5}$

4 + 3 = ◯

5 + 4 = ◯

7 + 5 = ◯

9 + 6 = ◯

 더하기 놀이

수저통에 있는 숟가락의 수를 세어 보세요. 또 포크의 수를 세어 보세요.
두 수를 더해 보세요. 모두 몇인가요?

0부터 20까지 숫자가 쓰인 수직선을 그리세요. 첫 번째 주사위를 던져서
나온 수에서 시작해 두 번째 주사위를 던져서 나온 수만큼 이동하세요.
수직선에서 두 수의 합을 찾아 말해 보세요.

칭찬 스티커를
붙이세요.

문제를 다 푼 다음, 32쪽으로!

짝꿍 수를 이용한 덧셈

더해서 10이 되는 두 수의 사물 그림을 찾아 점선을 따라 그리세요.

9와 1을 더하면 10이야.

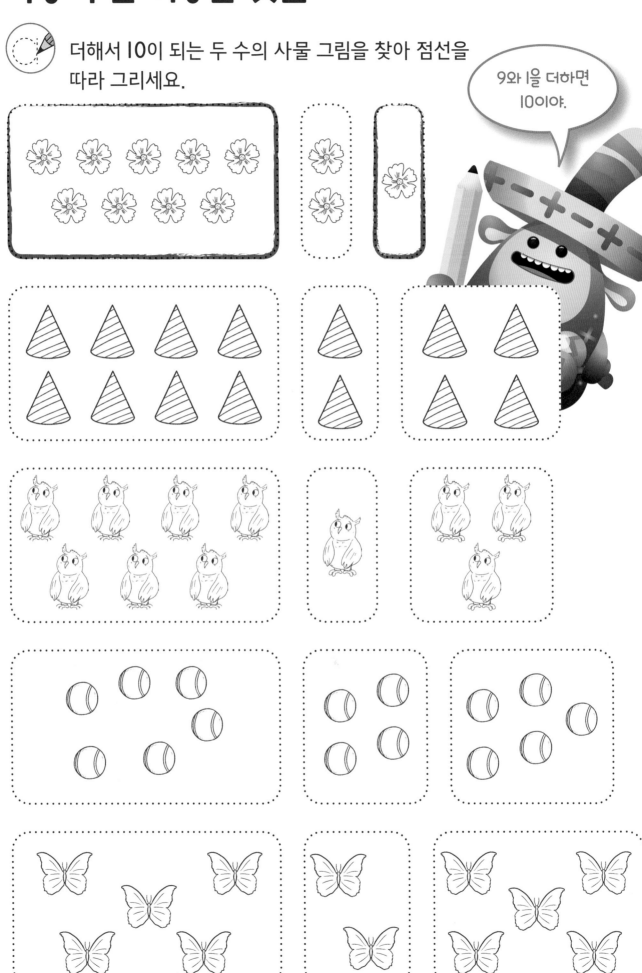

개구리가 연못을 건널 수 있도록 두 수를 더해서 20이 되는 연잎에
개구리 스티커를 붙이세요.

출발

6 + 9

20 + 0

11 + 7

15 + 5

16 + 4

11 + 9

10 + 1

10 + 10

18 + 1

12 + 8

13 + 7

7 + 3

14 + 4

14 + 6

13 + 5

17 + 3

칭찬 스티커를
붙이세요.

19 + 1

18 + 2

도착

문제를 다 푼 다음, 32쪽으로!

두 수를 바꾸어 더하기

 빈칸에 알맞은 수의 사물 그림을 그리고,
☐ 안에 알맞은 수를 쓰세요.

$3 + 2 = \boxed{5} = 2 + \boxed{3} = 5$

$2 + 4 = \boxed{} = 4 + \boxed{} = 6$

$4 + 3 = \boxed{} = 3 + \boxed{} = 7$

$5 + 4 = \boxed{} = \boxed{} + 5 = 9$

$3 + 5 = \boxed{} = \boxed{} + 3 = 8$

두 수를 더한 값을 ☐ 안에 쓴 다음, 두 수를 바꾸어 더한 덧셈식을 완성하세요.

$2 + 1 = \boxed{3}$ → $\boxed{1} + \boxed{2} = \boxed{3}$

$1 + 5 = \boxed{}$ → $\boxed{} + \boxed{} = \boxed{}$

$4 + 3 = \boxed{}$ → $\boxed{} + \boxed{} = \boxed{}$

$3 + 6 = \boxed{}$ → $\boxed{} + \boxed{} = \boxed{}$

$5 + 3 = \boxed{}$ → $\boxed{} + \boxed{} = \boxed{}$

$5 + 10 = \boxed{}$ → $\boxed{} + \boxed{} = \boxed{}$

$7 + 5 = \boxed{}$ → $\boxed{} + \boxed{} = \boxed{}$

$12 + 5 = \boxed{}$ → $\boxed{} + \boxed{} = \boxed{}$

 더하기 놀이

주사위를 던져서 나온 수가 몇인지 말해 보고, 더해서 10이 되는 수는 무엇인지 말해 보세요.

가방 안에 작은 블록 20개를 넣으세요.
블록을 한 주먹 꺼낸 다음, 수를 세어 보세요.
가방 안에 몇 개의 블록이 남아 있는지 말해 보세요.

칭찬 스티커를 붙이세요.

문제를 다 푼 다음, 32쪽으로!

세 수 더하기

  각 칸에 그려진 점의 수를 세어, 가장 큰 수부터 차례대로 더해 보세요.

$\boxed{4} + \boxed{3} + \boxed{2} = \boxed{9}$

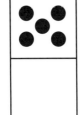

$\boxed{} + \boxed{} + \boxed{} = \boxed{}$

$\boxed{} + \boxed{} + \boxed{} = \boxed{}$

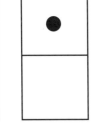

$\boxed{} + \boxed{} + \boxed{} = \boxed{}$

$\boxed{} + \boxed{} + \boxed{} = \boxed{}$

 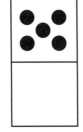

$\boxed{} + \boxed{} + \boxed{} = \boxed{}$

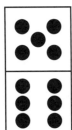 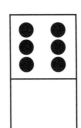

0 1 2 3 4 5 6 7 8 9

더해서 10이 되는 두 수를 찾아 색칠한 다음, ☐ 안에 알맞은
수를 쓰세요.

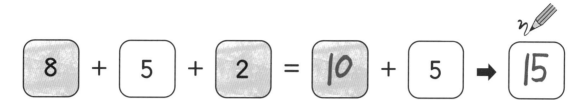

8 + 5 + 2 = 10 + 5 ➡ 15

6 + 1 + 9 = ☐ + 6 ➡ ☐

3 + 4 + 7 = ☐ + 4 ➡ ☐

4 + 6 + 2 = ☐ + 2 ➡ ☐

5 + 9 + 5 = ☐ + 9 ➡ ☐

6 + 7 + 4 = ☐ + 7 ➡ ☐

2 + 10 + 8 = ☐ + 10 ➡ ☐

색칠한 수를 보면서
더해서 10이 되는
짝꿍 수를 큰 소리로
말해 보자.

칭찬 스티커를
붙이세요.

잘했어!

덧셈식에서 빠진 수 찾기

 빈 곳에 덧셈식에서 빠진 수가 쓰인 공 스티커를 붙이세요.

2개의 빨간 공에 쓰인 수를 더하면 파란 공에 쓰인 수가 돼.

16

덧셈식에서 빠진 수를 찾아 선으로 이은 다음, ⬭ 안에 쓰세요.

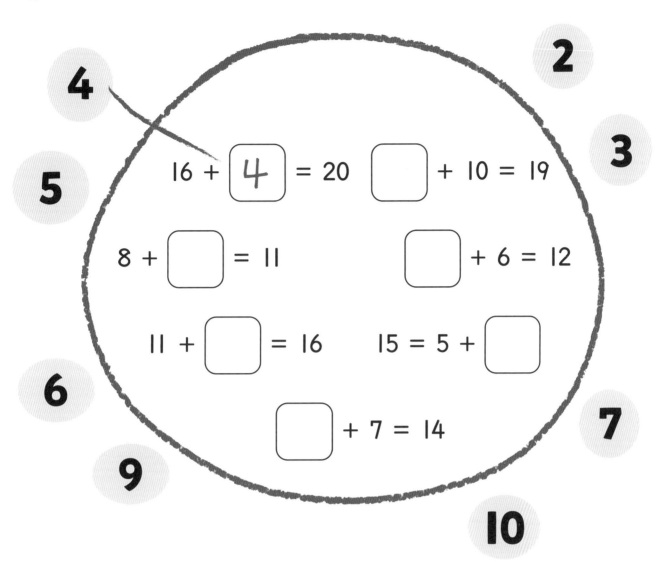

2

3

4

16 + [4] = 20   ⬭ + 10 = 19

5

8 + ⬭ = 11   ⬭ + 6 = 12

11 + ⬭ = 16   15 = 5 + ⬭

6

⬭ + 7 = 14

7

9

10

 더하기 놀이

주사위를 3번 굴리세요. 세 수를 모두 더하세요. 20이 되려면 몇이
더 필요한지 말해 보세요.

두 명이 짝이 되어 주사위 놀이를 해요. 한 명이 먼저 주사위를 3번
굴려서 나온 수를 모두 더하세요. 다른 한 명도 같은 방법으로
수를 더하세요. 더한 수가 더 큰 사람이 이겨요.

집에 있는 책상의 수에 의자의 수를 더하세요. 그런 다음 책장의 수를
더하세요. 모두 몇인가요?
이번에는 책장의 수에 책상의 수를 더하세요. 그런 다음 의자의 수를
더하세요. 세 수를 더한 합을 비교하면서 어떤 규칙이 있는지 말해 보세요.

칭찬 스티커를
붙이세요.

문제를 다 푼 다음, 32쪽으로!

남은 수 알기

 글을 읽고 알맞은 수만큼 X표 한 다음, ⬜ 안에 남은 수를 쓰세요.

2개를 먹었어요.

몇이 남았나요? ⬜

3개를 가져갔어요.

몇이 남았나요? ⬜

7개가 녹았어요.
몇이 남았나요?

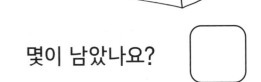

4개가 깨졌어요.
몇이 남았나요?

5개를 먹었어요.

몇이 남았나요? ⬜

4마리가 날아갔어요.

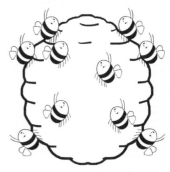

몇이 남았나요?

빼기 기계에 쓰인 수를 잘 보고, 빈 곳에 알맞은 수의 자동차 스티커를 붙이세요.

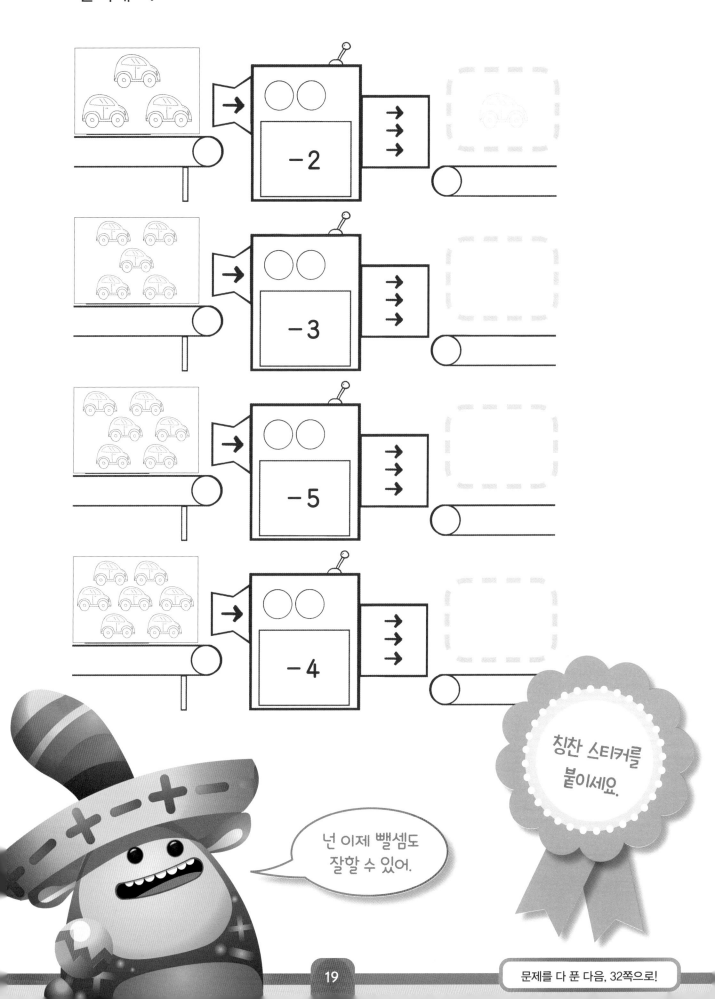

문제를 다 푼 다음, 32쪽으로!

기차와 수직선을 이용한 뺄셈

 수를 거꾸로 세어 보세요.

 뺄셈을 하고, 알맞은 수에 ◯표 하세요.

토끼가 있는 곳의 수부터 뺀 수만큼 손가락으로 점프를 해 봐.

5에서 2 빼기

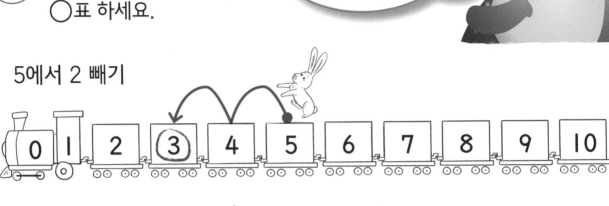

4에서 3 빼기

7 빼기 5

13 – 7

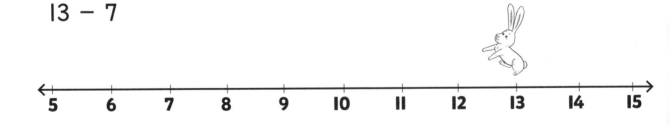

18 – 4

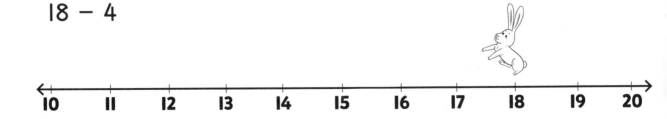

수직선을 이용해서 뺄셈을 하고, ◯ 안에
알맞은 수를 쓰세요.

빼는 수만큼 점선을
따라 그리며
거꾸로 세어 봐.

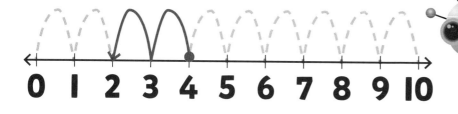

$4 - 2 =$ ☐ 2

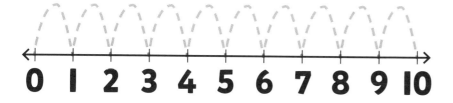

$5 - 4 =$ ☐

8 - 5 = ☐

$11 - 3 =$ ☐

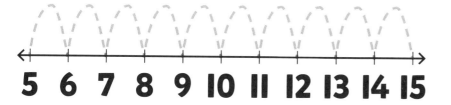

$14 - 7 =$ ☐

 빼기 놀이

신발장에서 몇 켤레의 신발을 꺼내서 모두 몇 짝인지 수를 세어 보세요.
그런 다음 한 켤레에 한 짝씩 빼내고 남은 수를 세어 보세요.

종이에 0부터 10까지 쓰인 수직선을 그리세요. 주사위를 2번 굴리세요.
두 수 중에서 더 큰 수에서 시작해 작은 수만큼 거꾸로 세어 뺄셈을
하세요. 같은 방법으로 반복해서 빼기 놀이를 해 보세요.

칭찬 스티커를
붙이세요.

문제를 다 푼 다음, 32쪽으로!

짝꿍 수를 이용한 뺄셈

 수직선을 이용해서 10에서 각각의 수를 뺀 차를 구해 ◯ 안에 쓰세요.

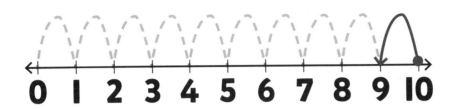

$10 - 1 = \boxed{}$

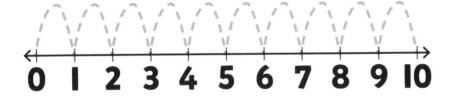

$10 - 6 = \boxed{}$

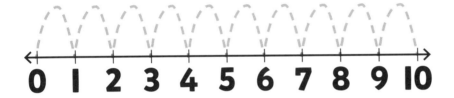

$10 - 3 = \boxed{}$

$10 - 9 = \boxed{}$

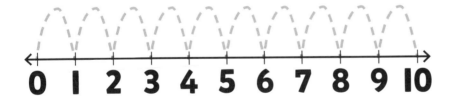

$10 - 5 = \boxed{}$

이제 10의 짝꿍 수로 뺄셈을 해 봐.

$10 - 2 = \boxed{}$ $10 - 4 = \boxed{}$

$10 - 8 = \boxed{}$ $10 - 7 = \boxed{}$

0 1 2 3 4 5 6 7 8

뺄셈을 하고, 알맞은 답을 찾아 선으로 이으세요.

20에서 10을 빼면 10이 남아.

20 − 10	19
20 − 1	17
20 − 18	10
20 − 3	4
20 − 16	2
20 − 6	5
20 − 15	14

어려우면 수직선을 이용해서 거꾸로 세어 봐.

 뺄셈을 하고, 알맞은 답을 찾아 선으로 이으세요.

20 − 5	8
20 − 14	13
20 − 7	15
20 − 12	18
20 − 9	6
20 − 2	11

칭찬 스티커를 붙이세요.

2 13 14 15 16 17 18 19 20

문제를 다 푼 다음, 32쪽으로!

수직선을 이용한 뺄셈식 완성하기

 수직선을 이용해서 뺄셈식의 ⬭ 안에 알맞은 수를 쓰세요.

$$8 - \boxed{3} = 5$$

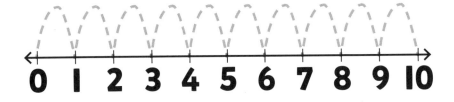

$$7 - \boxed{} = 3$$

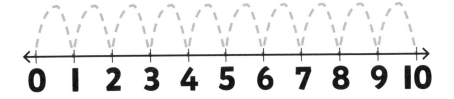

$$9 - \boxed{} = 4$$

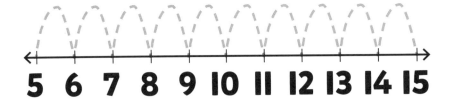

$$13 - \boxed{} = 6$$

$$11 - \boxed{} = 5$$

$$16 - \boxed{} = 7$$

$$18 - \boxed{} = 6$$

수직선을 이용해서 뺄셈식의 ◯ 안에 알맞은 수를 쓰세요.

빈칸에 알맞은 수를 찾으려면 뺄셈의 답 5에 빼는 수 5를 더해야 해.

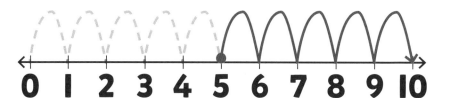

0 1 2 3 4 5 6 7 8 9 10

$10 - 5 = 5$

0 1 2 3 4 5 6 7 8 9 10

◯ $- 2 = 7$

0 1 2 3 4 5 6 7 8 9 10

◯ $- 6 = 2$

5 6 7 8 9 10 11 12 13 14 15

◯ $- 4 = 9$

10 11 12 13 14 15 16 17 18 19 20

◯ $- 5 = 11$

10 11 12 13 14 15 16 17 18 19 20

◯ $- 7 = 12$

 빼기 놀이

주사위를 굴려서 나온 수를 말해 보세요. 10에서 그 수를 빼고 남은 수를 말해 보세요. 10의 짝꿍 수를 이용하여 더 빠르게 계산할 수 있도록 여러 번 반복해서 놀이하세요.

동전 20개를 주머니 안에 넣으세요. 동전을 꺼내 수를 센 다음, 주머니 안에 남은 동전은 몇 개인지 말해 보세요.

칭찬 스티커를 붙이세요.

문제를 다 푼 다음, 32쪽으로!

막대 모형을 이용한 덧셈과 뺄셈

 막대 모형에 색깔 칸이 각각 몇인지 세어 보고,
☐ 안에 알맞은 수를 써서 식을 만드세요.

> 주황색 5, 파란색 3, 노란색이 2야. 이 세 수로 덧셈식과 뺄셈식을 만들었어

$3 + 2 = \boxed{5}$

$5 - 3 = \boxed{2}$

$2 + \boxed{3} = 5$

$5 - \boxed{2} = 3$

$\boxed{} + \boxed{} = 6$

$6 - \boxed{} = \boxed{}$

$\boxed{} + \boxed{} = 6$

$6 - \boxed{} = \boxed{}$

$\boxed{} + \boxed{} = 7$

$7 - \boxed{} = \boxed{}$

$\boxed{} + \boxed{} = \boxed{}$

$\boxed{} - \boxed{} = \boxed{}$

주어진 덧셈식과 뺄셈식을 보고, 세 가지 색으로 각 칸을
알맞게 칠하세요.

문제를 다 푼 다음, 32쪽으로!

$4 + 1 = 5$ $1 + 4 = 5$
$5 - 4 = 1$ $5 - 1 = 4$

$1 + 3 = 4$ $3 + 1 = 4$
$4 - 1 = 3$ $4 - 3 = 1$

$5 + 4 = 9$ $4 + 5 = 9$
$9 - 5 = 4$ $9 - 4 = 5$

$5 + 2 = 7$ $2 + 5 = 7$
$7 - 5 = 2$ $7 - 2 = 5$

$5 + 3 = 8$ $3 + 5 = 8$
$8 - 5 = 3$ $8 - 3 = 5$

두 수의 차 구하기

 각 사물의 수를 세어 보고, ☐ 안에 수를 써서 뺄셈식을 완성하세요.

큰 수에서 작은 수를 빼야 한다는 걸 기억해.

나비가 꽃보다 몇이 더 많은가요?

$$\boxed{6} - \boxed{4} = \boxed{2}$$

벌이 새보다 몇이 더 많은가요?

$$\boxed{} - \boxed{} = \boxed{}$$

꽃이 딱정벌레보다 몇이 더 많은가요?

$$\boxed{} - \boxed{} = \boxed{}$$

벌이 나비보다 몇이 더 많은가요?

$$\boxed{} - \boxed{} = \boxed{}$$

덧셈식과 뺄셈식 만들기

빈칸에 알맞은 수를 써서
덧셈식과 뺄셈식을 완성하세요.

더해서 8이 되는
두 수를 마음대로 골라 봐.

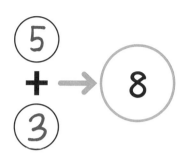

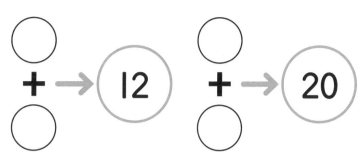

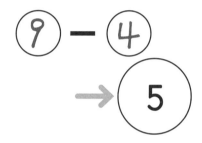

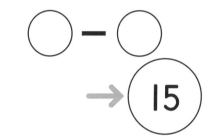

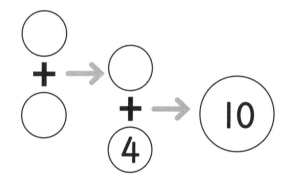

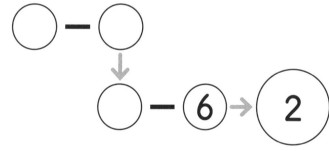

막대 모형 놀이

'4 + 1 = 5'의 덧셈식을 나타내는 막대 모형을 그리세요.
이 막대 모형으로 나타낼 수 있는 다른 덧셈식과 뺄셈식을 쓰세요.

1부터 20까지의 수들로 정답이 5인 덧셈식과 뺄셈식을 만드세요.
얼마나 다양한 방법으로 만들 수 있을까요?

칭찬 스티커를
붙이세요.

문제를 다 푼 다음, 32쪽으로!

계속 연결되는 덧셈식과 뺄셈식

 빈칸에 알맞은 수를 써서 덧셈식과 뺄셈식을 완성하세요.

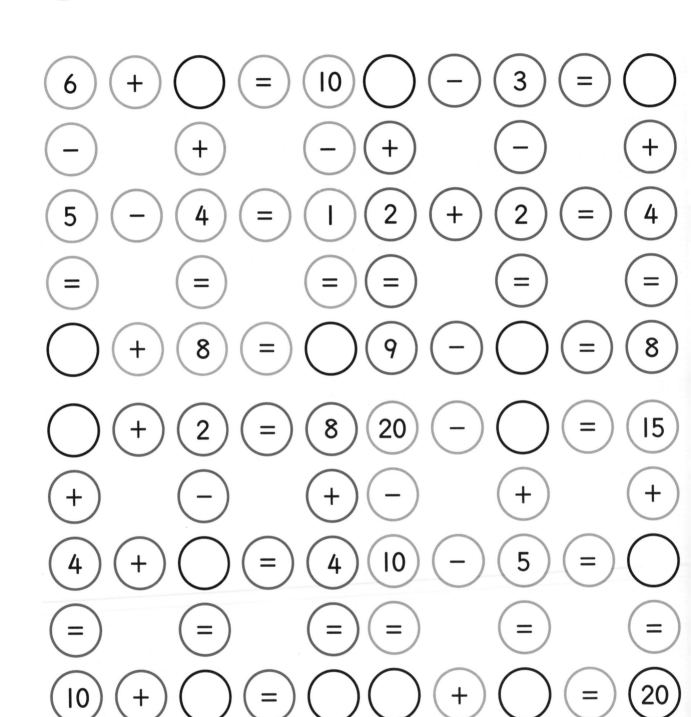

각각 덧셈과 뺄셈을 한 다음, 알맞은 색으로 칠하세요.

문제를 다 푼 다음, 32쪽으로!

1 = 하늘색	2 = 남색	3 = 빨강	4 = 노랑
5 = 주황	6 = 초록	7 = 보라	8 = 분홍

나의 실력 점검표

 얼굴에 색칠하세요.

쪽	나의 실력은?	스스로 점검해요!		
2~3	수의 순서를 알고, 빈 곳에 빠진 수를 쓸 수 있어요.	☺	☺	☹
4~5	두 모임의 수를 세어 더 많은 것과 더 적은 것을 찾을 수 있어요.	☺	☺	☹
6~7	이어서 세기를 이용하여 덧셈을 할 수 있어요.	☺	☺	☹
8~9	연잎과 수직선을 이용하여 덧셈을 할 수 있어요.	☺	☺	☹
10~11	10과 20의 짝꿍 수로 덧셈을 할 수 있어요.	☺	☺	☹
12~13	두 수를 바꾸어 더해도 더한 값이 같다는 규칙을 알아요.	☺	☺	☹
14~15	세 수의 덧셈을 할 수 있어요.	☺	☺	☹
16~17	덧셈식에서 빠진 수를 찾을 수 있어요.	☺	☺	☹
18~19	빼고 남은 수를 알 수 있어요.	☺	☺	☹
20~21	기차와 수직선을 이용하여 뺄셈을 할 수 있어요.	☺	☺	☹
22~23	10과 20의 짝꿍 수로 뺄셈을 할 수 있어요.	☺	☺	☹
24~25	수직선을 이용하여 뺄셈식에서 빠진 수를 찾을 수 있어요.	☺	☺	☹
26~27	막대 모형을 이용하여 덧셈식과 뺄셈식을 만들 수 있어요.	☺	☺	☹
28~29	덧셈식과 뺄셈식을 만들 수 있어요.	☺	☺	☹
30~31	덧셈식과 뺄셈식의 빈칸에 알맞은 수를 찾을 수 있어요.	☺	☺	☹

나와 함께 한 공부 어땠어?

정답

2~3쪽

4~5쪽
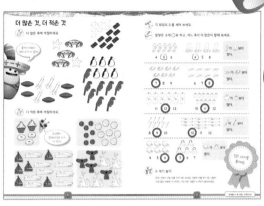

6~7쪽
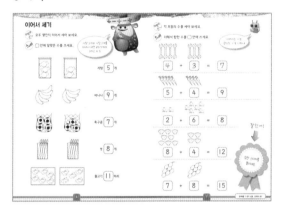

8~9쪽
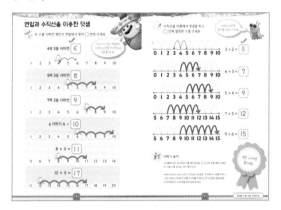

10~11쪽
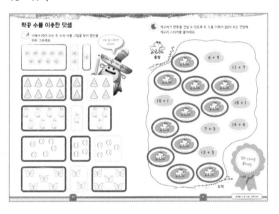

12~13쪽
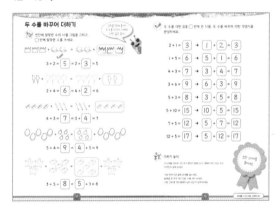

14~15쪽

16~17쪽
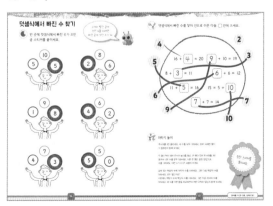

18~19쪽

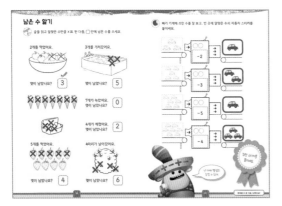

20~21쪽

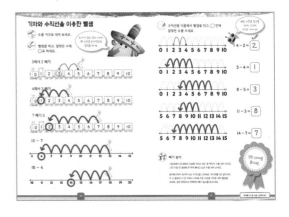

22~23쪽

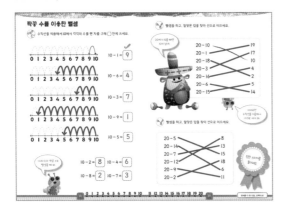

24~25쪽

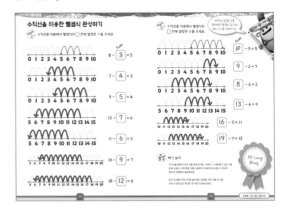

26~27쪽

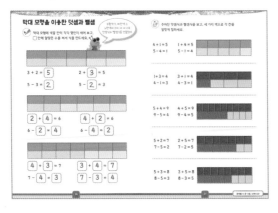

28~29쪽

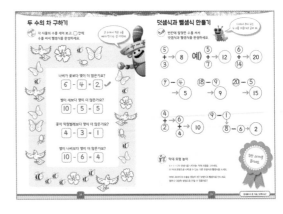

30~31쪽

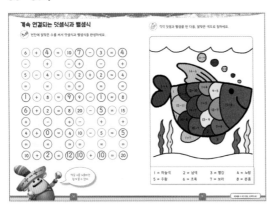

정리 노트

런런 옥스퍼드 수학

2-2 덧셈과 뺄셈

초판 1쇄 발행 2022년 12월 6일
글·그림 옥스퍼드 대학교 출판부 **옮김** 상상오름
발행인 이재진 **편집장** 안경숙 **편집 관리** 윤정원 **편집 및 디자인** 상상오름
마케팅 정지운, 김미정, 신희용, 박현아, 박소현 **국제업무** 장민경, 오지나 **제작** 신홍섭
펴낸곳 (주)웅진씽크빅
주소 경기도 파주시 회동길 20 (우)10881
문의 031)956-7403(편집), 02)3670-1191, 031)956-7065, 7069(마케팅)
홈페이지 www.wjjunior.co.kr **블로그** wj_junior.blog.me **페이스북** facebook.com/wjbook
트위터 @wjbooks **인스타그램** @woongjin_junior
출판신고 1980년 3월 29일 제406-2007-00046호
원제 PROGRESS WITH OXFORD: MATH
한국어판 출판권 ⓒ(주)웅진씽크빅, 2022 **제조국** 대한민국

ISBN 978-89-01-26518-6
ISBN 978-89-01-26510-0 (세트)

잘못 만들어진 책은 바꾸어 드립니다.
주의 1. 책 모서리가 날카로워 다칠 수 있으니 사람을 향해 던지거나 떨어뜨리지 마십시오.
　　　2. 보관 시 직사광선이나 습기 찬 곳은 피해 주십시오.